AF467311

TROISIÈME APPEL
AU BON SENS
DES
DÉPARTEMENTS.

LES INTÉRÊTS MARITIMES
ET LA FORCE NAVALE.

PAR LE BARON CHARLES DUPIN,

MEMBRE DE L'INSTITUT ET PAIR DE FRANCE.

PARIS,

TYPOGRAPHIE DE FIRMIN DIDOT FRÈRES,
IMPRIMEURS DE L'INSTITUT, RUE JACOB, 56.

1843.

TROISIÈME APPEL

AU BON SENS

DES

DÉPARTEMENTS.

LES INTÉRÊTS MARITIMES

ET LA FORCE NAVALE.

PAR LE BARON CHARLES DUPIN,

MEMBRE DE L'INSTITUT ET PAIR DE FRANCE.

I.

CONSIDÉRATIONS PRÉLIMINAIRES.

Voici l'intérêt principal, celui qui doit prédominer dans la question sur laquelle j'ai pour but de faire connaître la vérité : c'est l'intérêt national de la navigation.

Je me fais honneur d'appartenir à la classe de citoyens qui prétend que la France, pour satisfaire à la grandeur de ses destinées, doit maintenir son rang parmi les principales puissances maritimes.

Pour moi, cette opinion n'est pas nouvelle. Je n'ai pas attendu les revirements de l'esprit public pour la servir et la manifester; je l'ai conçue, elle dirigeait mes travaux dès 1814. En 1815, après avoir ramené sur la rive gauche de la Loire les ouvriers militaires de la marine, prêtés à l'armée, et les avoir conduits à Rochefort, lieu désigné pour leur licenciement, je demandais à commencer, pour éclairer, pour améliorer notre commerce maritime et notre force navale, des voyages et des travaux dont le but souriait à mon espérance. J'agissais de la sorte alors même que la série de nos malheurs, pendant les guerres de l'empire, avaient répandu tant d'impopularité sur notre puissance maritime. Cette opinion persévérante guidait mes pas; elle m'entraînait à six reprises différentes dans les trois royaumes britanniques; elle soutenait ma constance pour pénétrer dans les arsenaux de l'Angleterre, afin d'en découvrir les mystères, et dans ses ports de commerce, afin d'en révéler les prospérités merveilleuses.

Voici les propres paroles que m'inspirait une conviction repoussée par les écrivains qu'on regardait comme les plus libéraux, *Voyages dans la Grande-Bretagne,* 2e partie : *Force navale,* année 1821 :

« J'ose regarder la force navale comme nécessaire et comme indispensable, non-seulement à l'opulence de l'État, à la prospérité nationale; mais *à l'indépendance,* et par conséquent *à l'honneur* de la France.

« Cette opinion, je le crains, pourra sembler paradoxale au plus grand nombre de mes concitoyens. Cependant veulent-ils, élevant leur esprit au-dessus des passions et des erreurs vulgaires, chercher de bonne foi la vérité? Qu'ils arrêtent un instant leur pensée sur les égarements, sur les contradictions sans nombre qu'offre l'opinion publique, au sujet du grand intérêt qui nous occupe.

« La force navale est la seule qui, jamais, ne peut mettre en danger les libertés du peuple! et pourtant naguère encore, la force navale, aux yeux des défenseurs de la liberté même, était une force impopulaire.

« On voit, dans tous les rangs de la société, certains hommes qui se croient excellents Français, parce qu'ils combattent bien l'étranger avec des paroles. Ils attribuent au gouvernement britannique un instinct de haine, infaillible à notre égard; ils le gratifient d'une prévoyance prodigieuse sur tout ce qui peut nous nuire. Partout ils répètent en confidence que (par les traités secrets) l'Angleterre nous oblige à ne pas armer nos vaisseaux, à tenir notre marine dans l'abjection et la nullité, pour l'anéantir par nos propres mains. Voilà, nous disent-ils à l'oreille, tout l'intérêt de l'Angleterre!.... Et l'instant d'après je les entends nous dire à haute voix : *Il n'est pas dans l'intérêt de la France d'avoir une force navale........*

« A présent j'ose le demander : qui donc se trompe, et qui donc a raison, au milieu de tous ces partis qu'aveuglent des passions, des préjugés et des caprices si divers?

« Qu'il est douloureux pour les amis de la patrie, de voir, sous toutes les bannières, les hommes les plus éminents, au lieu de consacrer leur savoir et leur génie à rechercher, à proclamer, à défendre la vérité, s'en servir, à la façon du vulgaire, pour prononcer toujours du côté des événements, sans daigner faire la juste part des causes et des hasards......

« De prétendus divinateurs de la fortune des peuples, voyant depuis longtemps nos flottes malheureuses, annoncent que jamais la victoire ne viendra s'asseoir sur nos vaisseaux. Imbus des préjugés de je ne sais quelle astrologie politique, ils croient notre force navale entraînée par un astre funeste, qui la conduit, de défaite en défaite, à sa ruine irrévocable. Un mot suffit pour leur prouver que le joug de la fatalité pèse à jamais sur elle, — elle est française.

« Il serait plus magnanime et plus vrai de se dire, en la jugeant : Par cela seul qu'elle est française, elle est faite pour la victoire........ »

Ces idées émises en faveur de notre force navale, que j'avais ainsi défendue contre l'opinion publique égarée, dès la chute de l'empire et pendant la restauration, je les ai maintenues avec la même constance, depuis 1830. Quatre fois rapporteur des budgets de la marine, à la Chambre des députés, pour les exercices 1833, 1834, 1835 et 1836, j'ai réclamé sans cesse pour qu'une part moins dérisoire fût faite dans les dépenses publiques, en faveur de la force navale, pour qu'on favorisât la marine commerçante, pour qu'on préservât de la ruine nos possessions coloniales.

J'ai repoussé dans la Chambre des députés et dans la Chambre des pairs, comme antifrançaise, la conception humiliante d'abandonner l'idée de tenir notre rang sur les mers, d'y supporter au besoin même des affronts, d'accepter de ce côté la subordination, et l'on disait presque le vasselage, en tournant du côté du continent une ambition maladive, des conquêtes imaginaires et des rêves de gloire qui devaient dégénérer en déceptions amères.

Je suis donc conséquent avec moi-même, avec ma carrière maritime, commencée dès le jour où l'Angleterre déclarait la guerre à l'empire. J'ai suivi sans relâche la même pensée; j'ai plus que tout autre le droit de la défendre.

Quels sont les grands intérêts du peuple français, inséparablement unis à sa puissance maritime? Que sommes-nous aujourd'hui sur la mer? Parmi les moyens d'ajouter au progrès de notre force navale, quel rang occupe, dans notre commerce extérieur, la navigation coloniale? Quels sont les moyens d'en arrêter la décadence, et de la rendre à la prospérité? Voilà les objets que je me propose de traiter, à ma manière, en multipliant, en rapprochant les faits authentiquement constatés; en écartant l'esprit de système; en foulant aux pieds les préventions injustes, pour faire briller, sans peur d'aucun préjugé, la lumière aux yeux de mes concitoyens, pour le seul bien de la patrie : avançons.

II.

GRANDEUR DES INTÉRÊTS DES DÉPARTEMENTS MARITIMES.

Le tiers de la population française habite les départements maritimes, qui pourtant ne sont qu'au nombre de *vingt-quatre*.

Plus du tiers des charges publiques de toute nature est acquitté par ces départements.

Le tiers des députés, 152 sur 459, est élu par ces mêmes départements.

Si cette grande et puissante partie de la représentation nationale était une fois pénétrée de cet axiome, que l'existence, la prospérité, la puissance des départements maritimes sont inséparablement attachées à l'existence, à la prospérité, à la puissance de la marine, au commerce de la mer, à la navigation faite par les citoyens, à la force navale entre les mains de l'État, alors les lois du royaume porteraient l'empreinte de ce sentiment fécond et vrai.

Mais le triste système de fractionnement des élections par arrondissements, est un appel à l'égoïsme, à l'ignorance d'une foule de localités secondaires, qui ferment les yeux à l'intérêt prépondérant, c'est-à-dire, à l'intérêt maritime, pour le tourner vers de misérables considérations locales, étroites, bornées, qui viennent énerver la représentation des intérêts maritimes.

Puissent les travaux que nous publions aujourd'hui convaincre l'immense majorité des députés de nos vingt-quatre départements baignés, enrichis par la mer, qu'il n'est pas un vallon, pas une plaine, pas une colline de ces départements où l'agriculture, les fabriques, les moindres ateliers, et toutes les existences, ne soient profondément intéressés aux prospérités du commerce maritime.

Afin de nous former une juste idée de l'influence immédiate que le contact de la mer exerce sur les populations, nous avons pris à part : 1° la population des chefs-lieux des arrondissements baignés par la mer, dans les départements maritimes; 2° la population des chefs-lieux des arrondissements qui sont isolés de la mer.

Départements maritimes. — Parallèle de la population des arrondissements baignés par la mer, avec la population des arrondissements isolés de la mer.

CHEFS-LIEUX D'ARRONDISSEMENT.	BAIGNÉS PAR LA MER.	ISOLÉS DE LA MER.
Nombre	63	52
Population totale des chefs-lieux	1,137,890	509,899
Population moyenne par chef-lieu	18,062	9,806

Ainsi l'influence de la mer suffit pour doubler la population moyenne des chefs-lieux d'arrondissement sur le littoral de la mer, comparativement aux chefs-lieux isolés de la mer, dans les départements maritimes!....

Cette disposition est d'autant plus remarquable que les arrondissements intérieurs des départements maritimes éprouvent néanmoins les effets les plus salutaires du voisinage de la mer; effets qui tendent à diminuer la disproportion si frappante que je viens de signaler.

Si nous exceptons des départements de l'intérieur la population de Paris, qui, formée par le superflu du royaume entier, doit être mise à part, et ne peut entrer dans aucun parallèle, voici ce que nous trouvons d'après le dernier recensement :

Parallèle de la population des chefs-lieux d'arrondissement entre les départements maritimes et les départements de l'intérieur.

DÉPARTEMENTS.	MARITIMES.	DE L'INTÉRIEUR.
Nombre des chefs-lieux d'arrondissement	115	248
Population totale des chefs-lieux d'arrondissement	1,647,689	2,329,060
Population moyenne par chef-lieu d'arrondissement	14,329	9,391

Ainsi la population moyenne des chefs-lieux d'arrondissement est de moitié plus grande dans les départements maritimes que dans les départements de l'intérieur. Il y a plus : dans les départements maritimes, les chefs-lieux d'arrondissements isolés de la mer, et qui ne comprennent qu'en bien petit nombre les chefs-lieux des départements maritimes, par cela seul qu'ils sont encore voisins de la mer, l'emportent sur la population moyenne des chefs-lieux de département et d'arrondissement de l'intérieur.

Toute cette population des départements maritimes, si supérieure en nombre, ne l'est pas moins par son activité : elle prospère par la mer; elle réagit au moyen de son travail, et de proche, pour donner de la valeur aux produits de l'intérieur, pour en faciliter les échanges avec les produits de l'univers.

La population maritime n'est donc pas une population parasite, qui vive de la terre sans féconder la terre! C'est une population qui subsiste par son propre labeur, et qui ne gagne sa vie que par la plus-value, que par les débouchés qu'elle procure à tous les produits échangeables de l'agriculture et des manufactures.

En réalité, c'est donc être éminemment favorable aux ateliers, aux fabriques, à l'agriculture, que de conserver précieusement aux populations maritimes leurs moyens d'existence, leurs sources naturelles de négoce, et les objets de transport assignés par les climats, tels que les produits nécessairement échangeables entre la France et l'étranger, entre la France et ses colonies.

Ce serait prendre une idée bien rétrécie de la population maritime que de s'arrêter aux chefs-lieux d'arrondissement, qui tous ne sont pas eux-mêmes des ports de mer.

Plaçons-nous partout où peuvent aborder des navires, et voyons quelle est la population des ports, le long des cinq cents lieues de côtes que présente notre magnifique littoral de l'Océan et de la Méditerranée.

Population des ports maritimes.

DÉSIGNATION DES MERS.	NOMBRE DE PORTS.	POPULATION DES PORTS.
Littoral de l'Océan.	202	920,000
Littoral de la Méditerranée.......	54	310,000
Totaux....	256	1,230,000

Voilà la population qui, par cent professions diverses, vit des industries immédiatement ou médiatement maritimes, et dont il serait fastidieux de faire ici le détail. Occupons-nous seulement des professions intimement consacrées à la navigation.

Dans toute la population qui subsiste ainsi par l'influence plus ou moins directe de la mer, on a placé sous le titre d'*inscription maritime* les hommes adonnés directement soit à la navigation, soit à la construction des navires. Voici, pour le 1er janvier de cette année, les résultats de cette classification, tels qu'ils sont recueillis de trois en trois mois par le ministre de la marine :

Situation du personnel de l'inscription maritime au 1er janvier 1843.

DESTINATION DES HOMMES INSCRITS.	CAPITAINES au long cours, maîtres au cabotage, pilotes et maîtres de bateaux.	OFFICIERS mariniers, matelots, novices et mousses.	TOTAUX.
Employés au service de l'État.	459	27,095	27,554
Employés au commerce....			
— au long cours....	1,918	14,500	16,418
— au cabotage.....	4,136	16,181	20,317
— à la petite pêche..	1,327	18,877	20,204
Total employé pour le commerce................	7,381	49,558	56,939
En non-activité plus ou moins disponibles............	3,240	19,339	22,579
Total général du personnel susceptible de naviguer...	11,080	95,992	107,072

En ne comptant que les hommes employés au commerce ou disponibles, c'est un homme pour 9 tonneaux des navires de commerce actuellement à flot.

Tableau des ouvriers et des apprentis classés par l'inscription maritime (1er janvier 1843).

EMPLOI DES OUVRIERS CLASSÉS.	OUVRIERS.	APPRENTIS.	TOTAUX.
Au service de l'État.... .	4,456	1,183	5,639
Au service du commerce...	4,865	1,064	5,929
Total en activité.........	9,321	2,247	11,568
— en non-activité.....	1,102	169	1,271
Total général...	10,423	2,416	12,839

En définitive, l'inscription maritime compte aujourd'hui *cent vingt mille* hommes faits, jeunes gens ou adolescents, de tout grade, plus ou moins susceptibles de servir tour à tour l'État et le commerce.

Sur ce personnel, au 1er janvier de cette année, l'État employait 33,193 capitaines du commerce, pilotes, officiers mariniers, marins et ouvriers des classes : c'est-à-dire plus du quart.

Proportion des personnes classées au service et au commerce.

	A L'ÉTAT.	AU COMMERCE.	EN NON-ACTIVITÉ.
Capitaines de toutes classes et pilotes............	62	1,000	439
Officiers mariniers.......	1,455	1,000	367
Matelots...............	784	1,000	353
Novices................	165	1,000	562
Mousses...............	146	1,000	309

Une partie des marins de tout grade en non-activité prend du service à mesure qu'arrive la meilleure saison, et part, soit pour les colonies, soit pour le Nord, soit pour la grande pêche. Une autre partie se compose des malades, des blessés, des infirmes, des fainéants, etc.

A la vue du dernier tableau que nous venons de présenter, on doit être frappé de l'énorme proportion d'officiers mariniers et de matelots employés au service.

Il n'y a nul inconvénient pour les officiers mariniers, qu'on peut en général regarder, par rapport au service de l'État, comme des enrôlés volontaires : ils considèrent leur emploi sur les bâtiments de guerre et dans les arsenaux de la marine comme leur carrière naturelle et permanente.

Mais il n'en est pas ainsi des matelots ; *plus d'un tiers* du nombre total est embarqué sur les bâtiments de guerre : même à présent, en pleine paix ! Ce nombre n'est-il pas exorbitant ! j'en suis convaincu.

Qu'en résulte-t-il ? C'est que les matelots susceptibles d'être levés de 20 à 50 ans, c'est-à-dire pendant 30 ans, devraient tous servir *onze ans* à bord des bâtiments militaires pour payer leur dette, si les armements à l'état de paix étaient continués sur le pied du 1er janvier 1843. Ce fardeau doit paraître énorme aux amis des classes naviguantes.

Le seul remède à ce mal, après avoir réduit ce qu'il y a d'exorbitant dans le pied de paix de notre flotte, c'est d'employer tous les moyens d'accroître le personnel des marins que le commerce occupe sur ses navires.

Quel progrès avons-nous fait à cet égard ?

Progrès du personnel des officiers mariniers, matelots, novices et mousses, enregistrés par l'inscription maritime.

ANNÉES.	EMBARQUÉS		EN DISPONIBILITÉ.	TOTAUX.
	AU SERVICE DE L'ÉTAT.	AU COMMERCE.		
1827	13,408	36,874	13,299	63,581
1843	27,095	49,558	19,339	95,992
Progrès en 16 ans.......	102 pour cent.	34 $\frac{4}{10}$ p. cent.	45 $\frac{4}{10}$ p. cent.	51 pour cent.

Ces résultats sont très-remarquables. Ils nous montrent un accroissement total de 51 pour cent matelots, novices et mousses.

Mais, tandis que la marine militaire a plus que *doublé* le nombre des marins qu'elle emprunte à l'inscription maritime, le commerce a simplement accru *d'un tiers* le nombre de marins qu'il occupe sur ses navires.

Si les marines rivales étaient restées stationnaires pendant ce laps de temps, nous devrions à juste titre être fiers d'un pareil progrès; et nous serions justifiés, ou plutôt excusés, de n'employer pas tous nos efforts pour accélérer encore cette augmentation du personnel de notre navigation commerçante.

Il est triste de dire que les puissances qui partagent avec nous l'empire de la mer font des progrès incomparablement plus rapides, parce qu'elles comprennent mieux la protection efficace et constante de tous les grands intérêts maritimes. C'est une vérité peu flatteuse, mais salutaire à révéler, et que j'ai le premier mise en lumière, en réclamant tous les efforts des trois pouvoirs législatifs et du pouvoir exécutif, afin de remonter à notre rang dans l'échelle des grandes puissances maritimes.

Les développements qui vont suivre ont pour objet de rendre universelle la conviction profonde que j'ai conçue à cet égard.

III.

PARALLÈLE DES TROIS PRINCIPALES MARINES DE L'UNIVERS.

Trois grands peuples se partagent la domination des mers; ils font seuls plus de commerce maritime que tous les autres peuples pris ensemble : ce sont les Anglais, les Américains des États-Unis et les Français.

Population des trois grandes puissances maritimes.

Empire britannique.............	125,000,000
Royaume de France..............	36,000,000
République des États-Unis.........	18,000,000
	179,000,000

Ces trois grandes puissances s'étendent sur le cinquième de la population du globe.

J'ai réuni leurs importations et leurs exportations pour la dernière année dont les documents officiels soient encore publiés : c'est 1840.

Parallèle des importations et des exportations réunies des trois puissances.

Empire britannique.........	3,415,343,250 fr.
Royaume de France.........	2,063,208,552
République des États-Unis....	1,294,222,000
	6,772,773,802

Par conséquent, sous le point de vue de la grandeur du commerce, comme sous celui de la population, la France tient le second rang.

Voyons si les forces respectives des marines commerçantes correspondent à ces premiers résultats.

La France étant à la fois puissance continentale et puissance maritime, une portion considérable de ses échanges s'opère par la voie de terre; ce qui n'a lieu ni pour la Grande-Bretagne, ni pour les États-Unis.

Commerce extérieur de la France: 1° par terre; 2° par mer. — Sommes des importations et des exportations.

1° par terre..................	582,084,351
2° par mer..................	1,481,124,201
	2,063,208,552

Quoique plus d'un quart du commerce français opère ses mouvements par la voie de terre, le reste, qui s'effectue par la voie de mer, surpasse encore celui des États-Unis, quant à la valeur totale des produits.

Mais la marine commerçante des trois États est loin de correspondre aux chiffres respectifs de leurs échanges maritimes. C'est sur une pareille disproportion que j'appelle toute l'attention des amis du bien public et de la puissance nationale.

Parallèle des trois grandes marines commerçantes. — Somme des entrées et des sorties des navires, tant étrangers que nationaux, employés au commerce extérieur.

NATIONS.	NAVIRES.	TONNEAUX.	ÉQUIPAGES.
Grande-Bretagne.........	56,154	9,586,924	516,951
États-Unis..............	23,948	4,715,333	234,476
France..................	36,237	3,737,197	320,258
Totaux....	116,339	18,039,454	1,071,685

Ici le tonnage de la France perd le second rang qu'assignait à son commerce la valeur de ses échanges. C'est déjà pour nous un grand sujet de méditations, que cette infériorité de tonnage, même vis-à-vis des États-Unis.

La disproportion est bien plus grande et plus affligeante lorsque l'on considère à part les mouvements commerciaux effectués, 1° sous pavillon national, 2° sous pavillon étranger.

Somme des entrées et des sorties des navires nationaux employés au commerce extérieur, chez les trois principales puissances maritimes.

NATIONS.	NAVIRES.	TONNEAUX.	ÉQUIPAGES.
Grande-Bretagne.........	35,516	6,591,738	353,984
États-Unis..............	14,794	3,274,242	153,032
France..................	15,513	1,416,329	138,604
Totaux....	65,823	11,282,309	645,620

Pour les hommes qui savent chercher et découvrir les causes de l'infériorité d'une marine à l'égard des autres, il n'est pas nécessaire d'aller au delà de ce tableau pour reconnaître une des causes principales qui placent la France si fort au-dessous de ses deux rivales, dans l'échelle comparative des maritimes commerçantes.

Si nous prenons, d'après ce tableau, le tonnage total du navire moyen, et le nombre moyen de tonneaux transportés par homme d'équipage chez les nations, voici ce que nous trouvons :

Efficacité comparée de la marine commerçante des trois grandes puissances navales.

I. PARALLÈLE DES TONNAGES.

COMMERCE EXTÉRIEUR SOUS PAVILLON NATIONAL.	TONNAGE TOTAL DU NAVIRE MOYEN.
La Grande-Bretagne................	Tx 185,599 kilogr.
Les États-Unis....................	211,170
La France.........................	91,195

Les navires consacrés au commerce extérieur de la France n'offrent par conséquent pas, en grandeur moyenne, la moitié du tonnage moyen des navires de la Grande-Bretagne, et surtout des États-Unis.

Mais, plus sont grands les navires de commerce, plus est considérable le poids transporté par homme d'équipage; plus, sous ce point de vue, le transport devient économique, plus il est avantageux pour l'armateur et le commerçant. On va voir combien est vérifiée cette observation, par le parallèle suivant :

Suite de l'efficacité comparée de la marine commerçante des trois grandes puissances navales.

II. PARALLÈLE DES TRANSPORTS.

COMMERCE EXTÉRIEUR SOUS PAVILLON NATIONAL.	POIDS MOYEN TRANSPORTÉ PAR HOMME D'ÉQUIPAGE.
	Tx
La Grande-Bretagne................	18,053 kilogr.
Les États-Unis....................	21,396
La France.........................	10,218

Ainsi, dans notre marine commerçante, le poids transporté par homme d'équipage n'est pas même égal à la moitié du poids transporté par matelot américain, et ne surpasse que très-peu la moitié du poids transporté par le matelot anglais. . . . .

Voilà l'un des faits généraux les plus déplorables pour la France, voilà l'une des causes d'infériorité qu'il faut tenter à tout prix de faire disparaître. Elle nous explique en grande partie la cherté du fret, plus grande chez nous que chez nos rivaux, et la part plus grande que prennent les étrangers dans le commerce même qu'ils font avec nous dans nos propres ports.

Parallèle du tonnage national et du tonnage étranger, dans le commerce particulier à chacune des grandes puissances maritimes.

PUISSANCES COMPARÉES.	PAVILLON NATIONAL.	PAVILLON ÉTRANGER.
La Grande-Bretagne............	6,591,738	2,995,186
Les États-Unis.................	3,274,242	1,441,091
La France.....................	1,416,329	2,320,868

Nous rendrons beaucoup plus sensibles les disproportions renfermées dans ce tableau, par le calcul du nombre de tonneaux sous pavillon national, qui correspondent à la même quantité de tonnage étranger.

Tonnage transporté sous pavillon national, en concurrence avec un million de tonneaux transportés sous pavillon étranger, dans le commerce particulier de chacune des grandes puissances maritimes.

PUISSANCES COMPARÉES.	PAVILLON NATIONAL.	PAVILLON ÉTRANGER.
La Grande-Bretagne............	2,200,778	1,000,000
Les États-Unis.................	2,272,058	1,000,000
La France.....................	610,258	1,000,000

En présence de résultats aussi défavorables à la France, le premier besoin d'un ami de son pays est de se demander avec anxiété si l'infériorité funeste de la France, dans sa concurrence avec l'étranger, est simplement un état transitoire appartenant à quelque cause fortuite? si cette infériorité date d'une époque éloignée? si elle est croissante ou décroissante?

Portons la lumière sur ces graves questions. Les résultats comparatifs que nous venons de présenter appartiennent à l'année 1840; remontons quinze années plus haut. Comparons les progrès accomplis depuis cette époque.

En Angleterre, aux États-Unis, en 1840, l'étranger n'a pas même *un tiers* du poids total des transports ; en France, il en a près *des deux tiers*.

Cette disproportion funeste, loin de diminuer, tend à s'accroître : c'est une décadence comparative que j'ai déjà signalée. On a vainement essayé de la contester en se fondant mal à propos sur des différences passagères et versatiles, entre deux ou trois années consécutives.

Parallèle des tonnages transportés sous pavillon national et sous pavillon étranger, à seize années d'intervalle (1).

ANNÉES.	PAVILLON FRANÇAIS.	PAVILLONS ÉTRANGERS.
1841	1,205,193	1,886,985
1825	751,321	815,110
Progrès en 16 ans	454,872	1,071,875

Par conséquent, en 1825, le tonnage étranger ne surpassait que d'*un onzième* le tonnage français, et maintenant il le surpasse *de plus de moitié*.

Quand nous acquérons *quatre cent cinquante mille* tonneaux transportés par nos navires, l'étranger en acquiert près de *onze cent mille!...*

Il faut sonder cette plaie pour découvrir de quels côtés sont les remèdes.

Après les faits que nous venons d'établir, nous ne serons plus étonnés de l'effrayante infériorité du nombre et surtout de la grandeur des navires possédés par le commerce français, comparativement au même matériel possédé par la Grande-Bretagne et par les États-Unis.

(1) On n'a pas compris dans ce tableau les navires chargés sur lest ; la disproportion eût été plus grande encore, au détriment du commerce français.

Parallèle des navires de commerce possédés par les trois grandes puissances maritimes.

PUISSANCES MARITIMES.	NOMBRE DES NAVIRES.	TONNAGE TOTAL.	TONNAGE MOYEN PAR NAVIRE.
La Grande-Bretagne....	20,912	2,420,759	115 $\frac{8}{10}$ T[x]
Les États-Unis........	....	2,266,322	160 (1)
La France (2)..........	21,178	699,452	33

Ce qui rend cette infériorité de la France encore plus déplorable, c'est l'extrême inégalité des constructions neuves nécessaires pour entretenir et pour accroître graduellement ce matériel maritime. On en jugera par le tableau suivant, calculé, comme le précédent, pour l'année 1840.

Parallèle des constructions neuves annuelles, qui sont nécessaires pour l'entretien et le progrès du matériel commercial des trois grandes puissances maritimes. — Année 1840.

PUISSANCES MARITIMES.	NOMBRE DE NAVIRES.	TONNAGE DES NAVIRES.
La Grande-Bretagne............	1,448	223,507
Les États-Unis................	679	116,345
La France....................	807	43,035

Ici nous retrouvons encore l'inégalité si funeste de tonnage qui place les bâtiments de commerce français au-dessous de leurs rivaux étrangers.

---

(1) Ce tonnage moyen des États-Unis est approximatif.

(2) Nous comprenons dans ce nombre 5,578 bateaux de pêche dont le tonnage total est de 36,252 tonneaux.

Parallèle du navire moyen, annuellement construit chez les grandes puissances maritimes. — Année 1840.

PUISSANCES COMPARÉES.	TONNAGE.
	Tx
La Grande-Bretagne.	131,568 kilogr.
Les États-Unis.	171,317
La France.	53,314

Ainsi le tonnage moyen des nouveaux navires de commerce français n'est pas même *la moitié* des nouveaux navires anglais ; il n'est pas *le tiers* des nouveaux navires américains.

Par un résultat forcé de ces grandes inégalités, le même nombre de matelots français transporte, nous l'avons vu, des poids incomparablement moindres que les matelots des deux marines rivales.

Rappelons-nous ces deux grands faits ; nous en verrons bientôt les conséquences applicables au commerce des colonies et de toutes les contrées d'où nous pouvons tirer le sucre de canne.

IV.

DES TROIS COMMERCES MARITIMES DE LA FRANCE.

Si nous voulons considérer, du point de vue le plus élevé et le plus fécond en enseignements graves, le commerce extérieur de la France, il faut le diviser en trois parties qu'on n'a pas encore eu l'idée de distinguer.

Dans la première partie, que nous appellerons commerce du nord, nous comprendrons le commerce de la France avec tous les États du nord boréal, soit en Europe, soit en Amérique, en avançant du pôle jusqu'à la Confédération germanique, à la Belgique, aux trois royaumes britanniques, en Europe, et jusqu'aux États-Unis, en Amérique : tous ces pays y compris.

Dans la deuxième partie, je comprends le commerce de la France avec l'Espagne, le Portugal et tous les pays d'Europe ou d'Asie riverains de la Méditerranée et de l'Adriatique.

Dans la troisième partie, je comprends l'Amérique, au midi des États-Unis, toute l'Afrique et l'Asie orientale, entourée par le Grand-Océan, la mer Rouge, le golfe Persique, etc.

La distinction de ces trois commerces n'est pas établie seulement pour se conformer à des séparations géographiques simples et faciles; elle m'a présenté des diversités excessives, entre les rapports des éléments commerciaux.

Parallèle des trois commerces maritimes de la France avec l'univers.

1. COMMERCE DU NORD. (Somme des entrées et des sorties.)

NAVIRES EN CONCURRENCE.	NOMBRE DE NAVIRES.	TONNAGE TOTAL.	ÉQUIPAGES TOTAUX.
Navires français.........	4,576	346,251 T[x]	37,187 h.
Navires étrangers........	11,137	1,492,623	105,379

Ainsi dans la concurrence de la France avec tous les peuples du nord, les mouvements maritimes calculés dans nos propres ports nous font voir que les étrangers y présentent : près du *triple* de nos navires, près du *quintuple* de notre tonnage, près du *triple* de marins.

Ce ne sont pas seulement les Anglais et les Américains des États-Unis qui l'emportent à tel point sur nous; ce sont aussi les marins de la Suède, de la Norwége, du Danemark, de la Hollande et des villes anséatiqûes.

De ce côté nous serons longtemps avant d'obtenir, je ne dis pas la supériorité, mais la simple et modeste égalité, dans nos propres ports.

2. COMMERCE INTERMÉDIAIRE.

NAVIRES EN CONCURRENCE.	NOMBRE DE NAVIRES.	TONNAGES TOTAUX.	ÉQUIPAGES TOTAUX.
Navires français...........	3,114	263,183	27,141
Navires étrangers.........	3,903	339,560	38,546

Ici nous trouvons malheureusement encore la supériorité du côté de l'étranger. Mais elle est comparativement beaucoup moindre que nous ne l'avons trouvée dans le commerce du nord.

Le nombre des navires étrangers surpasse seulement le nôtre d'un *quart;* le tonnage d'à peu près autant, et les équipages d'un peu plus *du tiers.*

Cette rivalité prépondérante, ce n'est plus ici le fruit de la supériorité conquise par des marines plus avancées et plus opulentes, comme celles des États-Unis et de la Grande-Bretagne. Le succès est le fruit de la sobriété, de la modération, du contentement des gains les plus minimes, qui donnent aux marins espagnols, aux Catalans surtout, aux matelots génois, aux Napolitains, aux Grecs, aux riverains de la mer Adriatique, l'avantage de l'économie sur nos matelots du midi, et plus particulièrement sur les Provençaux.

Ce ne peut donc être qu'en agissant sur les mœurs et sur les habitudes, qu'il sera possible, avec le secours des années, de changer en notre faveur les proportions fâcheuses du commerce intermédiaire.

3. COMMERCE DU SUD.

NAVIRES EN CONCURRENCE.	NOMBRE DE NAVIRES.	TONNAGES TOTAUX.	ÉQUIPAGES TOTAUX.
Navires français..........	3,088	560,883	36,719
Navires étrangers.........	758	139,962	8,764

Ici, pour la première fois, nous découvrons avec bonheur une supériorité du côté de la France. Nous comptons, dans notre commerce du sud, quatre fois plus de navires français que de navires étrangers, quatre fois plus de tonnage, quatre fois plus de matelots.

Ce commerce, où nous avons une si grande prépondérance, où presque tout appartient à la marine nationale, c'est ce commerce qu'il importe surtout d'accroître, puisque plus des trois quarts des progrès dont il est la source féconde appartiennent à la France.

Là se trouve en entier la navigation qui s'opère entre la métropole et ses colonies; distinguons-la soigneusement de la navigation qui s'effectue entre la France et les nations méridionales.

Examinons avec une attention scrupuleuse les diverses parties dont se compose notre commerce du sud, et d'abord la seule concurrence où nous ayons du désavantage : celle que nous fait éprouver l'Angleterre, dans ses possessions du nouveau monde.

Commerce fait en concurrence, par la France et la Grande-Bretagne, entre les ports de France et ceux des établissements britanniques, en Afrique, en Asie, en Amérique.

PUISSANCES COMPARÉES.	NAVIRES.	TONNAGES.	MARINS.
Bâtiments français.........	53	14,022	825
Bâtiments britanniques.....	69	19,040	912
Bâtiments d'autres nations..	»	»	»

Nous voyons encore ici les effets de la redoutable concurrence que la Grande-Bretagne nous fait dans tout l'univers, et qui se manifeste dans notre commerce avec le nouveau monde, comme dans notre commerce avec l'ancien, par une supériorité dans le nombre des navires, ainsi que dans celui des marins, et surtout dans le tonnage des marchandises transportées.

Il n'en est pas de même à l'égard des établissements possédés dans le nouveau monde, soit en Asie, soit en Amérique, par les autres États européens. C'est ce que démontre le tableau suivant :

Commerce fait en concurrence, par les Français et les Espagnols, les Hollandais, les Danois et les Suédois, entre les ports de France et ceux des établissements formés par ces puissances, tant en Asie qu'en Amérique.

PUISSANCES COMPARÉES.	NAVIRES.	TONNAGES.	MARINS.
La France.	117	35,908	2,181
Espagnols, Hollandais, Danois et Suédois.	69	9,602	764
Puissances tierces.	10	635	58

Ici les lois protectrices de notre navigation ne sont plus insuffisantes pour la défendre, et nous soutenons avantageusement la lutte.

Restent enfin les États africains, américains du Sud et asiatiques, avec lesquels nous faisons le commerce suivant :

Commerce fait en concurrence avec les puissances indigènes de l'Afrique, de l'Amérique du Sud, des États-Unis et de l'Asie orientale.

PUISSANCES COMPARÉES.	NAVIRES.	TONNAGES.	MARINS.
La France.	572	114,626	7,095
Les États indigènes.	13	2,785	155
Puissances tierces.	95	21,204	1,251

Ici nous trouvons une grande supériorité de la navigation française; supériorité qui se fait surtout remarquer relativement aux contrées où la France peut aller chercher *des sucres,* qu'elle réexporte ensuite dans les diverses parties de l'Europe, à l'état brut, ou bien après les avoir raffinés.

Il ne nous reste plus à considérer parmi les contrées du Sud, que nos propres colonies.

V.

COMMERCE DE LA FRANCE AVEC SES PROPRES COLONIES.

Le commerce de la France avec ses colonies est placé sous deux régimes distincts, celui qui prédomine en Algérie, et celui qu'on suit invariablement dans nos autres établissements d'outre-mer. Dans ces derniers, tout commerce direct est interdit aux étrangers; en Algérie, on a laissé longtemps aux étrangers une faculté de concurrence excessive, qu'on a restreinte seulement depuis peu. Montrons, sur la navigation, les effets de ces deux régimes.

Commerce direct entre la France et l'Algérie (1841).

PUISSANCES COMPARÉES.	NAVIRES.	TONNAGES.	MARINS.
La France...............	976	86,723	7,373
Les étrangers............	254	53,314	2,890

Si les Anglais possédaient l'Algérie, ils feraient *en entier,* par leurs propres navires, des transports que nous partageons dans une aussi forte proportion avec l'étranger.

Tableau comparé de la navigation dans les ports de l'Algérie (1841).

NATIONS.	NAVIRES.	TONNAGES.	MARINS.
Français...............	1,846	153,338	12,898
Algériens..............	1,024	17,981	5,924
Étrangers..............	3,252	293,619	47,324

Ainsi, dans nos propres ports de l'Algérie, nous avons laissé les puissances étrangères écraser notre navigation, et l'emporter *presque du double* sur le tonnage transporté par nos bâtiments de commerce!

Les réclamations que j'ai fait entendre à la tribune de la Chambre des Pairs, dès la session de 1838, et que j'ai renouvelées sans cesse depuis cette époque, ont enfin porté quelques fruits; du moins pour les transports directs entre la France et l'Algérie. On a rendu cette navigation internationale au commerce français, depuis 1842. Cette mesure fait honneur à M. le ministre du commerce.

Occupons-nous maintenant des colonies qui sont complétement consacrées à la navigation française, dans leur intercours avec la mère-patrie.

Tableau de la navigation entre la France et ses colonies, autres que l'Algérie.

	NAVIRES.	TONNAGES.	MARINS.
Bâtiments français.......	911	209,943	11,591
Bâtiments étrangers......	»	»	»

A cette belle navigation coloniale, que la France exploite sans aucun partage avec l'étranger, on doit ajouter les bâtiments chargés sur lest. Négligeons-les pour nous occuper de l'ensemble des diverses navigations ayant nos colonies pour centre.

Résumé général du mouvement de la navigation française occasionnée par ses colonies, l'Algérie non comprise.

NAVIGATION FRANÇAISE.	NOMBRE DE NAVIRES.	TONNAGES TOTAUX.	MARINS.
Entre la France et ses colonies..	911	209,943 tx.	11,591
Entre les colonies et nos pêcheries.	84	14,089	983
Les colonies entre elles........	238	21,475	2,789
Entre les colonies et l'étranger..	642	71,239	6,494
Total : navigation française...	1,875	316,746	21,857

A ce magnifique mouvement de la navigation française, occasionné par l'existence de nos colonies, il faudrait ajouter une grande partie de la navigation *directe* de la France avec nos pêcheries, pour un ensemble d'au moins 5 à 6 mille matelots employés principalement à la pêche et à la préparation de la morue sèche, nourriture fondamentale des nègres occupés aux travaux agricoles des colonies et surtout à la culture de la canne, ainsi qu'à la préparation du sucre.

Voilà donc au total, en y comprenant les voyages répétés, allers et retours, près de *quatre cent mille tonneaux,* mis en mouvement sur des navires français, par plus de *trente mille* marins français.

Ce serait un travail difficile et délicat que celui qui donnerait, bâtiment par bâtiment, la durée moyenne des navigations et des séjours, pour les mouvements maritimes dont nous venons d'énumérer les totaux.

Le gouvernement seul pourrait effectuer avec une complète précision ce genre de recherches, et nous aimons à croire qu'il n'y manquera pas pour défendre son projet de loi sur les sucres.

En attendant, proclamons à haute voix l'amère dérision de MM. les apologistes du sucre de betterave, qui, pensant qu'on exagère au sujet de la navigation coloniale, comme eux-mêmes l'avaient fait en décuplant le territoire mis en culture de betterave à sucre, ont osé déclarer que les colonies fournissaient à peine aux navigateurs français une occupation suffisante pour *dix-huit cents marins!......*

Il faut montrer par quels arguments spécieux MM. les betteravistes se sont laissé égarer pour parvenir à cette incroyable conclusion.

Consultez, ont-ils dit, les états officiels de la douane.

Comparez entre eux les chiffres du tonnage total dans les colonies, avec l'étranger, et de France en France pour le cabotage international; la disproportion des chiffres sera l'indice évident de l'*insignifiance* réelle qui caractérise la navigation des colonies.

J'applique immédiatement cet ordre d'idées paradoxales aux résultats officiels de l'année 1841.

Tableau des mouvements de la navigation française, dans les ports métropolitains, entrées et sorties réunies.

NAVIGATION.	NAVIRES.	TONNEAUX.	MARINS.
Avec les colonies.........	937	216,127	11,936
Avec nos pêcheries........	1,003	132,620	22,724
Avec l'étranger...........	15,975	1,265,234	120,745
Cabotage en France.......	111,251	3,128,898	434,896

Ainsi le cabotage, selon les organes du sucre de betterave, qui s'étendent beaucoup plus, et se prétendent plus versés dans les connaissances nautiques que dans leur propre culture et sa véritable importance, le cabotage, disent-ils, surpasse à lui seul, et du double, l'ensemble des autres navigations; c'est l'école, c'est la vraie pépinière de nos marins : il écrase la navigation avec l'étranger, autant que cette navigation écrase la navigation avec les colonies.

Toutes ces assertions, que je reproduis sans les affaiblir, ont été présentées, développées et soutenues, l'année dernière, devant les conseils généraux de l'agriculture, des manufactures et du commerce; elles ont pu séduire un moment ceux des membres de ces conseils qui n'ont pas cru devoir, en cette circonstance, attendre, pour approuver ou rejeter, qu'un examen approfondi vînt leur révéler la vérité.

La navigation du *cabotage,* présentée comme la principale école du matelotage. Mais on oublie donc que le plus grand nombre de ses voyages se font, d'un soleil à l'autre, entre deux ports rapprochés? On oublie donc qu'elle comprend tous les voyages dans l'intérieur des fleuves, jusqu'où la marée remonte, entre des localités voisines telles que Honfleur et le Havre, Quillebœuf et Pont-Eau-de-mer, etc. Cette navigation c'est l'état primitif de l'art, sans besoin de boussoule, ni d'instruction quelconque.

Comparez la grandeur des bâtiments qui font les trois genres de commerce avec les ports métropolitains.

Tonnage moyen des navires employés.

1° Au commerce des colonies............	230 tonneaux.
2° Au commerce avec l'étranger...........	79
3° Au cabotage de France en France.......	28

Ainsi la seule navigation qui présente une moyenne de navires d'une charge supérieure à deux cents tonneaux, c'est la navigation coloniale; c'est celle de nos plus beaux bâtiments, celle du plus grand nombre de nos navires à trois mâts. Voilà la navigation qui forme les bons matelots, surtout pour les manœuvres hautes; c'est elle qui donne cette classe des marins les plus hardis, les plus agiles, les plus courageux, qui, dans la marine militaire, sont récompensés par de hautes payes, et spécialement employés sous le nom de *gabiers*.

Il est douloureux de reconnaître que pour l'ensemble de la navigation avec l'étranger, ainsi que déjà nous l'avons signalé, le tonnage moyen des navires français soit si peu considérable qu'il n'égale pas celui du cabotage des Anglais et des Américains du Nord.

Si nous ôtions du commerce extérieur la navigation avec les contrées méridionales, d'où la France peut tirer les sucres, étrangers ou coloniaux, le résultat serait encore plus déplorable.

L'efficacité des trois navigations, mises en parallèle, présente des différences qui ne sont pas moins dignes d'attention.

Poids moyen transporté par homme d'équipage dans les trois navigations françaises.

NAVIGATION.	TONNAGE.
Avec nos colonies....................	T^x 18,106 kilog.
Avec l'étranger..............	10,454
Cabotage en France................	7,195

Ainsi chaque homme d'équipage, sur les navires qui font le commerce des colonies, transporte presque le double des marins qui font le commerce avec l'étranger; il transporte presque le *triple* des marins qui font le commerce du cabotage : c'est parmi ces derniers que naviguent en foule les mousses, les novices et les vieillards, qui, rayés du service actif de l'inscription maritime, se livrent encore à la navigation côtière.

On se formera sur-le-champ l'idée de la brièveté, de la courte étendue des voyages du cabotage, par cette simple observation.

Le cabotage occupe au plus vingt mille matelots. Pour suffire à l'énumération de 434,896 matelots qu'offre la somme annuelle de cette navigation, il faut que chaque marin ait fait en moyenne vingt-deux voyages par an!.... et le plus grand nombre de ces voyages ne dépasse pas vingt lieues.

Le commerce du long cours et des colonies occupe également, moyenne compensée, de l'hiver et de l'été, à peu près vingt mille hommes.

Pour nous faire une idée juste de la répartition de ces marins, il suffit de comparer la navigation de l'Europe avec celle des colonies, en calculant les tonnages multipliés par les espaces parcourus, ce qui donne l'évaluation absolue et comparative des transports.

Parallèle des navigations. — Tonnage des bâtiments chargés, multipliés par les distances qu'ils ont à parcourir.

Pour les navires français qui font le commerce avec l'Europe, ce produit équivaut à

Un tonneau, transporté à................ 71,637,500 myriamètres.

Pour les navires qui font le commerce avec les colonies, l'Algérie non comprise, ce produit équivaut à

Un tonneau transporté à................. 202,743,300 myriamètres.

Pour l'Algérie, *un tonneau*, à.............. 10,273.990 myriamètres.

Ce premier tableau nous fait voir l'immense avantage qu'il y a pour la France à posséder des colonies lointaines.

La seule navigation entre le France et ses colonies intertropicales offre un transport absolu, poids multiplié par les espaces parcourus, égal *au triple* du transport offert par le commerce de la France avec l'Europe entière.

Et la navigation entre la France et l'Algérie n'offre que le *vingtième* de la navigation absolue entre la métropole et les colonies lointaines!...

Afin de présenter des résultats numériques faciles à saisir par les imaginations, nous allons prendre le tour de la terre, c'est-à-dire, 4,000 myriamètres ou *dix mille lieues* pour unité de distance, et nous dirons :

Efficacité comparée de la navigation française avec l'Europe et ses colonies.

COMMERCE	TONNEAUX SUPPOSÉS FAIRE LE TOUR DU MONDE.
Avec l'Europe entière................	17,909
Avec les colonies lointaines............	50,686
Avec l'Algérie	2,568

Occupons-nous, maintenant, des produits coloniaux qui contribuent à l'admirable mouvement maritime, dont nous venons de calculer l'étendue d'après les états officiels les plus récents.

Quels sont les objets que les colonies envoient à la France pour leur part d'échanges dans cette belle navigation ?...

Tableau des marchandises coloniales envoyées en France par nos colonies d'outre-mer.

1. PRODUITS SACCHARINS.

PRODUITS COLONIAUX.	POIDS.	VALEURS.
Sucre de toutes nuances..........	85,819,347 kilog.	54,364,953 fr.
Mélasse......................	10,793	3,238
Rhum et tafia.................	913,988	551,993
Sirops, confitures, etc...........	61,396	111,513
Total des sucres et produits accessoires.....................	86,805,524 kilog.	55,031,697 fr.

2. AUTRES PRODUITS COLONIAUX.

PRODUITS COLONIAUX.	POIDS.	VALEURS.
Café	1,385,282 kilog.	2,077,500 fr.
Cacao	161,926	32,385
Girofle, clous et greffes	459,122	1,869,475
Poivre	5,353	6,424
Vanille	784	19,600
Piment	1,508	2,111
Muscades	4,667	18,668
Bois, ébène	2,793	778
— cèdre	9,734	2,920
— acajou	56,773	19,871
Autres bois	506,434	177,251
Coton en laine	152,696	305,392
Total des produits non dérivés du sucre	2,747,072 kilog.	4,532,375 fr.

Ainsi, relativement aux valeurs, la totalité des produits non dérivés du sucre n'égale que *le douzième* de la valeur des sucres produits dans nos colonies.

Relativement aux poids, les produits non saccharins ne sont pas *le trente-et-unième* du poids des sucres et de leurs accessoires.

Abandon proposé de la culture du sucre colonial, considéré dans ses rapports avec la navigation.

Les agriculteurs métropolitains, qui font valoir vingt mille hectares en betterave, c'est-à-dire, la deux mille six centième partie du territoire; eux, qui déclarent ne pouvoir le faire qu'avec indemnité du trésor public; qui s'indignent, *au nom des principes*, que l'État dans un grand intérêt national, et pour mettre un terme à des sacrifices désastreux, fasse cesser la plantation de la betterave à sucre, ces mêmes personnes ont proposé froidement de remplacer, dans nos colonies intertropicales, la culture de la canne à sucre, par celle des caféiers.

Avant d'examiner les effets de cette incroyable proposition, constatons d'abord la consommation du café par la population française.

Café mis en consommation pour l'usage de la France, en 1841.

Mise totale en consommation..........	12,954,116 kilogr.
Produits des colonies françaises........	1,454,768
Provenant de l'étranger..............	11,499,348

Que conseille-t-on à nos colonies? d'abandonner la production de 90 mille tonneaux de produits saccharins, pour les remplacer par moins de 11,500 tonneaux de café, en sus de la production actuelle?

C'est donc une perte absolue de 78,500 tonneaux que l'on conseille non-seulement aux colonies, mais à la navigation nationale, aux armateurs, aux familles du peuple qui vivent de la mer!...

Jamais la marine, jamais le gouvernement ne voudraient consentir à cette proposition désastreuse.

Mais, des 11,500 tonneaux de café que nous demandons à l'étranger, nos navires en transportent la presque totalité qu'ils tirent de l'Afrique, de l'Asie et de l'Amérique méridionale, en offrant en échange pour 10 millions de marchandises françaises; cette navigation, ce commerce disparaîtraient encore.

En réalité la France perdrait 90,000 tonneaux de transport pour les importations, et tout autant pour les exportations.

De bonne foi! comment peut-on proposer froidement à nos colonies d'abandonner un genre de produits qui, rendu dans nos ports, vaut 50,000,000 de francs pour une autre espèce de culture dont le produit ne rapporterait que 10,000,000?

Il faudrait à l'instant même que 40,000,000 de francs fussent perdus par les colons et par les métropolitains que je mentionnais quelques lignes plus haut : par les armateurs, par les commissionnaires, par les constructeurs de navires, par les matelots français et par toutes les professions subsidiaires qui vivent de la mer..

Ce n'est pas tout : quarante millions enlevés à la production coloniale, c'est quarante millions enlevés aux exportations qui contribuent à la prospérité de l'agriculture et des ateliers, aux cultures des céréales, des vignes, de l'olivier, du mûrier, etc., etc., enlevés à la confection de tous les genres de tissus, aux manufactures métallurgiques, et surtout à ces fabrications, si ingénieuses et si variées, qui constituent l'*industrie parisienne.*

Et cela, dans quel but? Pour éterniser un privilége, une immunité, un don gratuit du trésor, aux dépens des contribuables, aux dépens des gens de mer; pour favoriser une culture forcée, factice, et si déplorable, qu'elle a besoin, afin de subsister, de réclamer des ruines; des ruines à qui? aux possesseurs de la culture primitive, aux possesseurs primordiaux du commerce maritime, à tous les pauvres gens de mer, d'autant plus précieux à la patrie, que, depuis vingt ans jusqu'à cinquante, l'État a droit de les embarquer sur ses bâtiments de guerre, et de demander tout leur sang à verser pour la patrie. Faisons donc que ce sang nous soit cher, et défendons les intérêts sacrés de cette population qui vit préparée, depuis l'adolescence jusqu'à la vieillesse, à mourir pour la France.

VI.

RALENTISSEMENT DES PROGRÈS NATURELS DU COMMERCE MARITIME ET DE LA NAVIGATION, PAR LES IMMUNITÉS PRODIGUÉES AU SUCRE DE BETTERAVE, AUX DÉPENS DU TRÉSOR PUBLIC.

Dans la concurrence naturelle que se font nos concitoyens de l'intérieur et des côtes, les départements maritimes ont droit à l'échange, au transport opéré par leurs navires entre les produits français de l'intérieur et les produits français de l'extérieur, c'est-à-dire des colonies. Toute injuste préférence, imaginée pour repousser ces derniers produits, est la suppression effective d'une partie de notre navigation ; elle est la suppression des moyens d'existence de cette portion si précieuse des familles du littoral, qui, pendant trente années de sa vie, navigue et combat pour le commerce et la patrie.

Voilà le détriment infini qu'ont éprouvé les familles de nos marins, par l'injuste protection follement concédée au sucre de betterave. Il faut en montrer les effets désastreux.

Progrès des diverses parties de la navigation française, de 1825 à 1841. Entrées et sorties réunies.

ANNÉES.	1825.	1841.	PROGRÈS.
Avec l'étranger.....	490,791 tx.	1,048,339 tx.	114 pour cent.
Avec les colonies....	193,251	216,157	12 pour cent.
Les grandes pêches..	67,279	137,590	105 pour cent.

Telle est donc l'immense différence de progrès des trois navigations. La navigation à l'étranger, malgré la redoutable concurrence de l'Angleterre, des États-Unis, des marines européennes du Nord et de la Méditerranée, cette navigation fait plus que doubler ; en seize ans elle s'accroît de *cent quatorze* pour cent !

Nos grandes pêches, favorisées d'un côté par des primes de navigation, mais *défavorisées* d'un autre côté par des *contre-primes* concédées à la betterave pour ruiner les travailleurs des colonies, qui sont les principaux consommateurs de la morue, nos grandes pêches égalent presque le progrès de notre navigation faite en concurrence avec l'étranger; elles offrent, en seize ans, un accroissement de *cent cinq* pour cent.

Enfin nos colonies, où nos navires ne peuvent avoir aucun concurrent, par le funeste effet de la contre-prime octroyée au sucre de betterave, malgré les efforts admirables de quelques établissements, tels que l'île de Bourbon, nos colonies ne peuvent arriver qu'au misérable progrès de navigation égal à *douze* pour cent en seize années.

Si la législation française, incroyable d'inconséquence et d'imprévoyance, n'avait pas défait d'un côté ce qu'elle faisait de l'autre; si elle n'avait pas comprimé, étouffé l'agriculture coloniale, en prodiguant les millions d'immunités pour naturaliser, à prix d'or, au septentrion du royaume, les produits de la zone torride, ce n'est pas seulement 218,157 tonneaux qui représenteraient les mouvements d'entrée et de sortie, entre la France et les colonies intertropicales; c'est par de là *trois cent mille tonneaux*. Qu'on ne s'étonne pas de la grandeur d'un tel chiffre: il aurait été complété par l'infinie variété des produits, objets d'échange, qui sont les conséquences nécessaires de l'objet principal d'un grand commerce naturel, qu'on prend plaisir à ruiner, pour faire violence aux climats, à force de sacrifices.

Restituez aux colonies françaises la production naturelle et complète du sucre, et vous verrez soudain quels admirables changements vont en résulter : un rendement perfectionné peut *doubler leurs produits!*

Jusqu'à ce jour, faute de capitaux, et rebutées par des dépenses effrayantes, au bout desquelles l'iniquité des taxes ne laisse voir que la ruine, jusqu'à ce jour les colonies ont reculé devant la pensée d'acquérir de nouveaux appareils pour extraire en plus grande abondance le sucre de leurs cannes. Le crédit s'est éloigné d'elles; la dette, la ruine sont venues s'unir aux dévastations *des tremblements de terre*. Elles pouvaient porter leur production à cent, à cent vingt, à cent cinquante millions de kilogrammes; les taxes ne l'ont pas permis : il leur a fallu végéter misérablement malgré les bienfaits d'une admirable fécondité.

Et tandis qu'elles tombaient de la sorte, accablées sous les fléaux réunis de la nature et de la législation, les agronomes métropolitains, engraissés d'immunités et de largesses, s'enorgueillissaient de leurs appareils perfectionnés avec des millions soustraits au trésor; et, du haut de la richesse publique, prodiguée à leur culture factice, ils déversaient la dérision et le dédain sur les infortunés colons, auxquels une misère imposée par la surcharge des taxes ne permettait pas les perfectionnements!....

On reproche aux colonies la grossièreté, l'enfance de leurs procédés d'exploitation; mais dès qu'elles ont voulu les améliorer, on a trouvé leurs résultats *trop beaux*, leurs produits *trop parfaits*, *leur sucre brut trop raffiné*. Des *surtaxes prohibitives* ont rendu les progrès impossibles; et, pour comble d'iniquité, ces surtaxes ont été *triples* des légers accroissements d'impôt sur *les mêmes perfectionnements* du sucre indigène! Voilà la barbarie de la législation actuelle; elle ne peut pas subsister.

C'est au nom des plus grands intérêts métropolitains, qu'à mon tour je demande justice. C'est au nom des cultures métropolitaines, qui prospèrent par le commerce extérieur, et par l'échange avec nos colonies; c'est au nom des fabrications métropolitaines, pareillement enrichies par le commerce et la navigation; c'est au nom des vingt-quatre départements maritimes, au nom des cent mille familles de matelots et de constructeurs qui ne vivent absolument que de la mer; c'est au nom de la puissance navale indispensable à la France, qui recrute ses vaisseaux avec ces cent mille familles; c'est au nom de tous ces intérêts sacrés que je réclame, pour les colonies et pour la métropole même, la conservation la plus étendue d'une production intertropicale, indispensable à la navigation lointaine.

Dans un *quatrième* et dernier *Appel au bon sens*, que nous publierons sous le titre de *Systèmes et Principes*, nous examinerons comparativement le système du projet de loi présenté par le gouvernement, et le système proposé par la commission. Fort des résultats irrécusables que nous avons fait connaître au public, nous verrons si la plus sévère logique, si le plus grand intérêt de la France, ne réunissent pas leurs arguments et leurs motifs en faveur de la résolution salutaire que nous réclamons avec énergie.

VII.

DE LA GUERRE MARITIME CONSIDÉRÉE DANS SES RAPPORTS AVEC L'IMPORTATION DES SUCRES EXOTIQUES.

Poussés, de défaite en défaite, par les considérations victorieuses et par les faits irrécusables dont nous avons offert le développement, les partisans aveugles d'une culture privilégiée sur le territoire de la métropole, en avouant les avantages sans nombre du sucre colonial, dans les circonstances ordinaires de la paix, se réfugient derrière un dernier retranchement : ils allèguent les temps de guerre maritime.

Ils affectent, pour l'approvisionnement en sucre des consommateurs français, une peur qu'ils ne témoignent nullement à l'égard du café, du cacao, du poivre et de la cannelle, à l'égard du quinquina si nécessaire à l'humanité souffrante; produits qui tous sont impossibles à remplacer par des équivalents européens. Ils affectent, au sujet du sucre, une peur qu'ils ne montrent pas au sujet du coton en laine, cet admirable végétal que ne pourrait cultiver la métropole, à moins de le mettre en serre chaude *aux frais du trésor,* comme une sucrerie de betterave. Le coton est pourtant un produit naturel qui donne le travail et l'existence, par centaines de mille, à des Français industrieux de tout âge et de tout sexe. Le coton, maintenant, n'occupe pas moins de 74 mille tonneaux d'un transport opéré presqu'en entier par des étrangers qui deviendraient les neutres, si nous avions la guerre avec notre grande rivale maritime. On n'objecte pas un moment qu'il faut remplacer le coton par le chanvre, dès aujourd'hui, pendant la paix, afin de n'en pas être privé pendant la guerre. Nous répondrions, d'ailleurs, l'histoire à la main, que l'approvisionnement des cotons en laine n'a manqué jamais à la France, même pendant la guerre de l'empire.

Suivons à présent le raisonnement qu'emploient les sophistes pour défavoriser à tout prix les sucres coloniaux, au milieu de la paix, par peur de la guerre.

Si la guerre maritime éclatait, ils supposent sans examen que la France serait vaincue, chassée de la mer, et bloquée dans ses ports.

Ils n'admettent pas que, dans une guerre de prises, les Français trouvant sur les mers quatre fois plus de navires anglais que les Anglais n'en pourront trouver des nôtres, il y aura de ce côté les chances les plus heureuses en notre faveur: ils supposent que nos produits coloniaux seront capturés par nos ennemis, *sans que nous capturions les leurs.* Ne discutons pas sur une expectative aussi peu nationale, et que nous emploierons tous nos efforts à démentir, dès qu'il faudra prendre les armes. Pour complaire à nos adversaires, faisons-nous pessimistes, et pensons comme eux.

Voilà donc la métropole en entier privée de ses produits coloniaux, par les captures britanniques, et n'y suppléant par aucune capture de produits anglais similaires.

Mais on oublie qu'alors les neutres restent avec leur immense activité, avec l'intérêt le plus puissant d'approvisionner le marché français; Hollandais, marins du Nord et des villes anséatiques, marins des États-Unis, tous vont à l'instant affluer dans nos ports, et procurer le sucre exotique à nos trente-quatre millions d'habitants, avec autant d'abondance qu'en ce moment ils le procurent à soixante millions de Russes, à vingt millions d'Italiens, à cinquante millions d'Allemands.

Arrêtez, nous objecte-t-on : vous avez donc oublié l'empire et le blocus continental? Les Anglais interdiront aux neutres l'approvisionnement de la France; et vous serez sans produits coloniaux.

D'abord il ne suffirait pas d'interdire l'entrée des sucres dans les ports de France. Il faudrait défendre aux étrangers, et même *aux Anglais,* de l'importer en Belgique, pays déclaré *neutre* sous la garantie des grandes puissances européennes. Il faudrait défendre aux Hollandais d'apporter du sucre dans leurs propres ports, d'où la navigation intérieure l'amènerait en France à très-bas prix. Il faudrait pareillement interdire aux bâtiments nationaux, ainsi qu'aux navires de la Grande-Bretagne, l'entrée des sucres exotiques dans les ports de la confédération germanique, dans les ports de l'Espagne, de Gênes, de Venise et de Trieste, en révoltant à la fois toutes les puissances navales de l'Europe. Il faudrait traiter en ennemis, ou du moins en esclaves, les Belges, les Hollandais, les Allemands, les Génois, les Sardes et les Espagnols. Que pourrions-nous demander de mieux pour multiplier, au jour des combats par mer, nos alliances maritimes?

Quand même toutes les puissances de l'Europe, oubliant leur glorieuse résistance, au temps de Catherine la Grande, pour maintenir la liberté des mers (1), s'effraieraient d'une lutte avec la marine anglaise, et consentiraient

---

(1) Si l'empereur de Russie continue d'oublier la protection de la liberté des mers, l'une des conceptions de son illustre aïeule, conception digne de Pierre le Grand, *la postérité ne dira pas Nicolas le Grand*, mais *Nicolas le Dégénéré !*

à courber la tête sous l'oppression britannique, il est une autre puissance qui refuserait fièrement cette ignominie.

Les États-Unis, lorsqu'ils ne comptaient pas la moitié de leur population actuelle, lorsque leur force navale était naissante, et qu'ils n'avaient encore jamais honoré leur pavillon des prestiges de la victoire, les États-Unis, vers la fin des guerres de l'empire français contre l'Angleterre, ont pris les armes pour repousser par la force la tyrannie des mers, et maintenir le droit des neutres. L'empire français abattu, les États-Unis, restés seuls, n'en ont pas moins continué la guerre; ils l'ont faite avec un si noble succès, que la Grande-Bretagne, pour la première fois depuis bien des années, a dû reculer dans son envahissement du domaine de la mer.

Les États-Unis n'ont posé les armes qu'en faisant reconnaître par l'Angleterre leur droit national de naviguer en guerre comme en paix, de porter sous leur pavillon des produits commerciaux, même chez les parties belligérantes, sans qu'aucun navire de guerre étranger pût s'arroger de leur barrer le chemin, de les capturer, ou seulement de les dévier de leur route.

Eh bien! les États-Unis regardent plus que jamais la consécration d'un semblable principe, comme identique avec la proclamation de leur indépendance nationale.

Voyez plutôt leur noble attitude, en ces dernières circonstances, pour repousser *le droit de recherche et de visite* audacieusement réclamé par l'Angleterre, même au sujet d'un commerce que leurs lois déclarent infâmes. Les Américains seraient prêts à braver tous les périls plutôt que d'abandonner leur droit de transporter, et chez eux, et chez les neutres, tous les produits de l'univers. *Ils sont les défenseurs innés de la liberté des mers.*

Si l'on voulait de nouveau leur contester un droit que leur a donné la victoire, ils prendraient de nouveau les armes, et plus puissants que jamais, ils feraient plus aisément, plus promptement encore que par le passé, triompher ce noble principe, avoué, reconnu, réclamé, par tous les peuples maritimes qui sont pénétrés des sentiments et des droits de leur nationalité.

Si la Grande-Bretagne, comme j'en suis convaincu, reculait devant la pensée d'armer contre elle le plus redoutable des neutres, la France serait approvisionnée en produits coloniaux *aussi copieusement que dans la paix la plus profonde.*

Si l'Angleterre foulait aux pieds les droits des puissances maritimes et voulait, au sujet des produits intertropicaux, soulever contre elle la marine de l'Union américaine, jamais les sucres coloniaux n'auraient rendu de plus grand service à la France. *Les deux marines de notre pays et des*

États-Unis suffiraient, j'en suis certain, à triompher de la marine britannique, dans les mers de l'ancien et dans les mers du nouveau monde.

Alors les prises abonderaient dans nos ports ainsi que dans les ports des nations circonvoisines, et les sucres afflueraient sur le marché métropolitain, comme aux temps les plus désirés d'une harmonie universelle.

Voilà la réponse que j'oppose avec confiance à l'une des objections que les antagonistes de notre force navale et de nos produits coloniaux ont présentée avec le plus de légèreté, de suffisance, et, suivant leur habitude, avec le moins de lumières.

PARIS. — TYPOGRAPHIE DE FIRMIN DIDOT FRÈRES,
IMPRIMEURS DE L'INSTITUT, RUE JACOB, 56.

www.ingramcontent.com/pod-product-compliance
Ingram Content Group UK Ltd.
Pitfield, Milton Keynes, MK11 3LW, UK
UKHW020414220726
13923UKWH00004B/1941

9 782019 251086